Benjamin Wolf

Sanierung von geschädigten, grundwasserüberstauten Tiefgaragenbauteilen. Instandsetzungsverfahren im Vergleich

GRIN Verlag

Bibliografische Information der Deutschen Nationalbibliothek:

Die Deutsche Bibliothek verzeichnet diese Publikation in der Deutschen National-
bibliografie; detaillierte bibliografische Daten sind im Internet über http://dnb.d-
nb.de/ abrufbar.

Impressum:

Copyright © 2012 GRIN Verlag GmbH
Druck und Bindung: Books on Demand GmbH, Norderstedt Germany
ISBN: 978-3-656-93735-7

Sanierung von geschädigten grundwasser-überstauten Tiefgaragenbauteilen

Instandsetzungsverfahren im Vergleich

Inhaltsverzeichnis

1 Problemstellung

Bei Tiefgaragen von Bauwerken der 1990er Jahre treten nach einer Nutzungszeit von 10–15 Jahren häufig Schadensbilder infolge von Feuchteeinwirkung auf. Auffällig ist hierbei, dass abhängig von der Konstruktion meist vergleichbare Schadensmechanismen feststellbar sind. Typische Konstruktionen dieser Bauzeit sind zum einen die „Schwarzen Wannen" und zum anderen die wasserundurchlässigen (WU-)Konstruktionen, die sogenannten „Weißen Wannen". Beide Möglichkeiten stellen durchaus funktionsfähige Konstruktionslösungen dar, wenn bei Planung und Ausführung die Besonderheiten des jeweiligen Abdichtungskonzeptes beachtet werden.

WU-Konstruktionen erhalten keine vollflächige Abdichtung auf Bitumenbasis. Der Baukörper wird aus wasserundurchlässigem Beton hergestellt. Angaben zur Betonzusammensetzung sowie Planung solcher Konstruktionen finden sich in der Richtlinie für wasserundurchlässige Bauwerke aus Beton des DAfStb (WU-Richtlinie [1]). Da diese Richtlinie erst im Jahr 2003 veröffentlicht wurde und vor diesem Zeitpunkt nur inhaltlich unterschiedliche Empfehlungen verschiedener Autoren existierten, weisen die Bestandskonstruktionen der 1990er Jahre oft geringere Bauteilabmessungen auf, als von der aktuellen Richtlinie gefordert. Bei WU-Konstruktionen sind eine hohe Qualität des Betons und der Ausgangsmaterialien sowie der Bewehrungsgrad und die Bewehrungsanordnung äußerst wichtig. Und auch der Einbau und die Nachbehandlung des Betons sind mit großer Sorgfalt auszuführen um Verdichtungsfehler sowie Schwind- und Trocknungsrisse zu vermeiden bzw. auf ein erträgliches Maß zu reduzieren (Rissbreitenbeschränkung). Denn jeder Fehler in der Bauqualität wirkt sich auf die Dichtigkeit der gesamten Konstruktion aus.

„Schwarze Wannen" erhalten ihre Wirksamkeit durch eine den Baukörper umschließende flächige Abdichtung. Diese wird meist auf Bitumenbasis erstellt. Wichtig ist, dass alle horizontalen und vertikalen Flächen vollflächig abgedichtet werden. Des Weiteren muss darauf geachtet werden, dass die Anschlüsse zwischen den horizontalen und vertikalen Abdichtungsebenen überlappend ausgeführt werden, um das Eindringen von Feuchtigkeit zu verhindern. Bei der Verfüllung der Baugrube rund um den Baukörper muss geeignetes Verfüllmaterial verwendet werden um eine Beschädigung der Abdichtung auszuschließen. Hilfreich ist außerdem das Anbringen eines Wurzelschutzes. Auf eine geeignete Bepflanzung von erdüberdeckten Tiefgaragen und der näheren Umgebung der Außenwände sollte dennoch geachtet werden.

In der folgenden Erarbeitung werden typische Schadensmechanismen an grundwasserüberstauten Tiefgaragenbauteilen in Abhängigkeit von der Bestandskonstruktion erfasst und beschrieben. Im nächsten Schritt werden mögliche Sanierungstechniken untersucht und hinsichtlich ihrer Wirkungsweise und Wirtschaftlichkeit bewertet.

2 Schadensmechanismen

2.1 Typische Schadensmechanismen bei WU-Konstruktionen

Bei WU-Konstruktionen treten Schäden durch Feuchteeintrag meist dann auf, wenn die Konstruktion aus wasserundurchlässigem Beton geschädigt oder zumindest geschwächt ist. Es sind natürlich auch Feuchtezutritte und daraus resultierende Schäden aus anderen Gründen möglich. Diese werden im Abschnitt 2.3 behandelt.

Die wahrscheinlich häufigste Schadensursache liegt, wie in der Einführung bereits angedeutet, in zu geringen Bauteilquerschnitten [2]. Das Sicker- oder Grundwasser kann so direkt durch die Konstruktion in das Bauwerk eindringen und Schäden verursachen. Typisch sind in diesem Fall feuchte bis nasse Wandquerschnitte und Bodenplatten (qualitative Bestimmung mittels Feuchtemessgerät), Salzbelastungen in denselben Bereichen, Pfützenbildung auf der Bodenplatte sowie Korrosionsschäden an Bewehrung und Einbauten wie z.B. Doppelparkersystemen. Lokale Schwächungen der Bauteilquerschnitte treten durch das Anbringen von Einbauten mittels Dübelverbindungen auf. An diesen Stellen treten lokal vergleichbare Schadensbilder auf.

Eine weitere Schadensursache sind unzureichend dichte Anschlussfugen. Anschlussfugen sind ausführungstechnisch unerlässlich und erfordern eine hohe Qualität. Nach einer Nutzungsdauer von 10 bis 15 Jahren kann es durchaus vorkommen, dass eingelegte Fugenbänder nicht mehr funktionsfähig sind und Wasser an einigen Stellen eindringen kann. Des Weiteren ist denkbar, dass Fugenbänder falsch dimensioniert oder deren Einbau gänzlich vergessen wurde. Auch die Aufweitung der Fugen durch Setzungen oder Hebungen ist denkbar. Die Dichtungsbänder verlieren ihre Funktionsfähigkeit wenn sie zu stark beansprucht werden. Die Schadensbilder begrenzen sich hier meist lokal auf die Fugenbereiche. Auch hier ist mit einem Feuchtemessgerät die qualitative Bewertung der Feuchte mit feucht bis nass messbar. Bei anstehendem Wasser kann es zu einem massiven Wasserzutritt in Form von einfließenden Wasserstrahlen kommen.

Ähnliche Schadensbilder zeigen sich an Rissen. Risse können durch Setzungen und Hebungen aber auch materialbedingt in Form von Trocknungs- und Schwindrissen entstehen. Diese können bei WU-Konstruktionen durch sorgfältigen Einbau und entsprechende Nachbehandlung des Betons nahezu vermieden werden. Treten sie dennoch auf, so können die oben beschriebenen Schadensbilder entlang der Risse beobachtet werden.

2.2 Typische Schadensmechanismen bei Schwarzen Wannen

Die meisten Schadensbilder bei Schwarzen Wannen infolge von Feuchteeinwirkungen sind auf fehlerhafte Abdichtungen zurückzuführen. Alle anderen, konstruktionsunabhängigen Schadensmechanismen werden in Abschnitt 2.3 beschrieben.

Grundsätzlich können in Inspektionen zwei wesentliche Gruppen von Abdichtungsmängeln unterschieden werden. Zum einen gibt es lokale Fehlstellen und Beschädigungen, die meist nach dem korrekten Einbau der Abdichtung durch mechanische Einwirkungen beim Verfüllen oder durch Pflanzenwuchs aber auch durch Risse in der Stahlbetonkonstruktion entstehen. Auch eine unzureichende Überlappung zweier nebeneinander angeordneten Abdichtungsebenen ist als Fehler im gesamten Abdichtungssystem denkbar. Der Schaden begrenzt sich meist nur auf das unmittelbare Umfeld der Schwachstelle [3 u.a.]. Zum anderen gibt es flächig fehlerhafte Abdichtungen. Diese können durch falsche Dimensionierung oder Fehler beim Aufbringen der Abdichtung entstehen. In einigen Fällen ist sogar davon auszugehen, dass einzelne Flächenabdichtungen bei der Erstellung des Bauwerkes nicht ausgeführt wurden.

Fehlerhafte Abdichtungen haben immer zur Folge, dass es zum Eindringen von Wasser in die Konstruktion kommt. Grundsätzlich unterscheiden sich die Schadensbilder kaum von denen der fehlerhaften WU-Konstruktionen. Es kommt zu einer Durchfeuchtung der Bauteile und eine Pfützenbildung auf der Bodenplatte ist möglich. Des Weiteren können Korrosionsschäden an Bewehrung und Einbauten auftreten. Auch eine Salzbelastung der Bauteile mit sichtbaren Salzausblühungen ist ein typisches Schadensbild dieser Konstruktionen. Ein spezielles Schadensbild ist die Ablösung der vorhandenen Abdichtungsschicht, nachdem Wasser in die Konstruktion eingedrungen ist und sich hinter der noch funktionsfähigen Abdichtung sammelt. Die Ablösungen haben weitere Beschädigungen der Abdichtungen zur Folge, was eine Verstärkung der Schadensbilder bewirkt. Sichtbar sind die Schäden der Abdichtungsebene allerdings meist erst nach Freilegung der Konstruktion und Inspektion von außen.

2.3 Weitere Schadensmechanismen

Neben den in den Abschnitten 2.1 und 2.2 beschriebenen Schadensmechanismen, gibt es auch Schäden deren Ursachen vor allem durch fehlende Abstimmung zwischen Planern, Ausführenden und Nutzern entstehen.

Dazu gehören Entwässerungskonzepte welche außen auf der Decke, an den Wänden und unter der Bodenplatte aber auch im Innenraum der Tiefgarage wirksam werden. Das Wasser muss in allen Fällen gesammelt und von der Konstruktion weggeführt werden um Schäden zu verhindern. Über das äußere Entwässerungskonzept z.B. die Anordnung einer Drainage, entscheiden die Bodenverhältnisse. Bei bindigen Böden ist die Anordnung einer Drainage empfehlenswert, da das Wasser nicht selbstständig versickert. Bei Eingriffen in den Grundwasserhaushalt bedarf es der Zustimmung der zuständigen Behörden. Ein Entwässerungssystem im Inneren der Tiefgarage sollte immer ausgeführt werden um nutzungsbedingt eingetragenes Wasser sowie Wasser, welches durch evtl. Fehlstellen in der Konstruktion eingetragen wird, schadensfrei abführen zu können. Die Entwässerung von nutzungsbedingten Wässern ist vor allem im Winter wichtig, da Schnee und Eis an den Fahrzeugen mit Streusalzen verunreinigt sind. Wird dieses Wasser nicht abgeführt, kann es neben den Feuchteschäden und Salzbelastungen der Bodenplatte und den Wandfüßen zu massiver Bewehrungskorrosion infolge Chloridbeanspruchung kommen. Bei den meisten der untersuchten Schadensfälle fehlt das Entwässerungskonzept komplett. Teilweise ist es nur unvollständig ausgeführt bzw. erfordert von den Nutzern eine ständige Beaufsichtigung und Regulierung.

Eine weitere Ursache für Schäden infolge Feuchtebelastung ist der Eintrag von Regen- und Schmelzwasser über Lichtschächte und Zufahrtsrampen.

Die Schadensbilder unterscheiden sich kaum von den in Abschnitt 2.1 und 2.2 beschriebenen Schadensmechanismen. Bei fehlender äußerer Entwässerung, drückendem Wasser und einer Schwachstelle in der Konstruktion der Schwarzen oder Weißen Wanne dringt das Wasser problemlos in die Konstruktion ein. Ergebnis sind feuchte Bauteilquerschnitte, Salzbelastung der Konstruktion und Korrosionsschäden an der Bewehrung. Unterstützt wird dieser Prozess zusätzlich, wenn keine Entwässerung für den Innenraum der Tiefgarage existiert. Dann kommt es in tiefer liegenden Bereichen zur Pfützenbildung. Diese Wasserlachen trocknen nur langsam aus und verursachen so lokal verstärkte Schadensbilder.

2.4 Zusammenfassung

Die Schadensbilder an grundwasserüberstauten Tiefgaragen der 1990er Jahre ähneln sich unabhängig von der Schadensursache sehr stark. In den meisten Fällen treten, durchfeuchtete Bauteilquerschnitte, Pfützenbildung, Korrosion der Bewehrung und Einbauten sowie Salzbelastungen im Zusammenhang mit Salzausblühungen und Putzabsprengungen auf. Nicht immer müssen alle Schadensbilder mit der gleichen Intensität auftreten. Dies ist von den individuellen Bedingungen des Bodens, der Wasserbeanspruchung und der Baukonstruktion abhängig. Die Schadensursachen sind enorm vielfältig und in den meisten Fällen abhängig von der vorhandenen Konstruktion. Oftmals wird zu spät auf Schäden reagiert. Sanierungen werden erst in Erwägung gezogen, wenn der optische Mangel durch die Schäden bereits sehr groß ist bzw. wenn die Nutzung der Tiefgarage stark eingeschränkt wird. In diesen Fällen ist die Konstruktion jedoch meist grundhaft geschädigt und der Sanierungsaufwand enorm. Eine erfolgreiche Sanierung kann nur dann durchgeführt werden, wenn alle Schwachstellen der Konstruktion und des Entwässerungskonzeptes erfasst und wirksam beseitigt werden. Hierfür sind eine gründliche Schadensaufnahme und die Erkundung der Bestandskonstruktion, sowie deren Schwachpunkte erforderlich. Im folgenden Abschnitt sollen Sanierungstechniken hinsichtlich ihrer Wirksamkeit und Wirtschaftlichkeit untersucht und bewertet werden.

3 Einführung in Sanierungstechniken

Für die Erstellung eines Sanierungskonzeptes für die nachträgliche Abdichtung geschädigter grundwasserüberstauter Tiefgaragen müssen ausreichend Kenntnisse über die Konstruktion und die wesentlichen bautechnischen Randbedingungen vorhanden sein und projektbezogen berücksichtigt werden. Aus den Rissmerkmalen und Besonderheiten in Konstruktion und Ausführung von Bauteilfugen lassen sich Schadensmechanismen ableiten. Äußere Bedingungen wie Bemessungswasserstand, Baugrundeigenschaften und Zugänglichkeit fließen in die Planung einer Instandsetzung ebenso mit ein wie Beanspruchungen des Bauwerks durch Lasten oder Temperatur. Die Verfahren und Baustoffe müssen auf die spezifischen Anforderungen maßgenau angepasst werden.

Schäden an den in den 1990er Jahren erbauten Tiefgaragen wurden anfangs meist nicht wahrgenommen. In den von uns untersuchten Schadensfällen wurden grundhafte Sanierungen erst dann in Betracht gezogen, wenn die Schäden massiv als optischer Mangel oder gar mit Nutzungseinschränkungen hervortraten. Dieses Schadensausmaß ist in den meisten Fällen nach einer etwa 10-15 jährigen Nutzungsdauer erreicht. Die derzeit für Tiefgaragen existierenden Sanierungstechniken sind vielfältig, dem kurzen Anwendungszeitraum geschuldet, jedoch noch nicht genügend erprobt, um mit Sicherheit sagen zu können, dass eine dauerhaft wirksame Abdichtung damit gewährleistet ist.

Im Wesentlichen lassen sich die Sanierungstechniken nach den in Abschnitt 2 beschrieben Schadensbildern einteilen. Dabei werden Sanierungsmaßnahmen, die für undichte Fugen anwendbar sind, oftmals auch bei Rissen benutzt. Im Folgenden werden die einzelnen Sanierungstechniken genauer erläutert und die Eignung für verschiedene Schadensfälle erklärt. Schwerpunkte sind dabei die Verfahren zum Abdichten von Rissen und Fugen in WU-Konstruktionen sowie die Möglichkeiten zur Sanierung undichter Bauwerksfugen bei „Schwarzen Wannen". Außerdem werden die Möglichkeiten zur nachträglichen innenseitigen Abdichtung von Stahlbetonkonstruktionen betrachtet.

Wichtig ist, dass eine Vereinbarkeit zwischen Instandsetzungsziel und Anwendungsbedingungen der Abdichtungsart und -stoffe gewährleistet ist [3].

4 Sanierungstechniken der lokalen Abdichtung

4.1 Einführung

Bei der Erstellung eines Bauwerks gibt es keine Garantie für Rissfreiheit, selbst wenn man alle Regeln hinsichtlich Konstruktion, Bemessung und Ausführung einhält [4]. Die Entstehung von Biegerissen stellt für ein Bauwerk in der Regel kein Problem dar. Problematisch für WU-Bauteile sind hingegen Trennrisse, da diese durch die gesamte Bauteildicke verlaufen und zum Wasserein- bzw. Wasserdurchtritt führen können.

In der WU-Richtlinie wird unter dem Begriff „Dichtungsmaßnahmen" das Füllen von Rissen durch Injektion oder die Anwendung wasserseitiger Abdichtungsmaßnahmen verstanden.

Wenn Trennrisse in Betonbauteilen auftreten, können diese die Standsicherheit beeinträchtigen und die Nutzung einschränken. Deshalb muss der Planer bei der Analyse beurteilen, ob die Anforderungen an die Nutzungsklasse trotz Risse erfüllt sind oder ob Abdichtungsmaßnahmen mit kraftschlüssigem Verbund zu erbringen sind.

Hohlräume können während der Herstellung eines Bauwerks entstehen. Ungenügend verdichteter Beton oder Grobkornanreicherungen sind potenzielle Fließwege für Wasser.

Tabelle 1 führt die Möglichkeiten der nachträglichen Sanierung von Fugen, Rissen und Durchdringungen auf.

Tabelle 1: Methoden der lokalen nachträglichen Abdichtung undichter Fugen, Risse und Durchdringungen [5]

Verfahren		Undichtigkeit an				
		Trennrisse, Sollrissquerschnitte	Arbeitsfugen	Dehnfugen		Durchdringungen
				Dichtteil umläufig	Dehnteil beschädigt	
Injektion mit Bohrpacker (partiell)		x	x	x		x
Nachverpressung über Injektionsschlauch			x	x		
Vergelung	der Fuge (erdreichseitig)				x	
	der Fuge (luftseitig, mit Verdämmung)				x	
	vor dem Bauteil (partielle Schleierinjektion)				x	
Abklebesystem			x			
Klemmkonstruktion					x	
Kompressionsdichtung				x	x	

4.2 Dichten von Rissen und Hohlstellen mittels Injektionen

4.2.1 Überblick

Objektspezifische Bedingungen und wirtschaftlich-technische Gesichtspunkte können das nachträgliche Auftragen einer flächigen Außenabdichtung o.ä. ausschließen. Injektionen können als alternative Abdichtungsverfahren gemäß DIN 18195 "Bauwerksabdichtung" für die Lastfälle Bodenfeuchte bzw. nichtstauendes Sickerwasser sowie bei aufstauendem Sickerwasser bzw. drückendem Wasser verwendet werden [6,7,8].

Bei den Injektionen unterscheidet man zwischen lokalen Abdichtungen an Rissen, Fugen oder Hohlstellen und den flächenmäßigen Abdichtungen, bei denen mittels Vergelung eine vertikale oder horizontale Abdichtungsebene am Bauteil hergestellt wird. Als Material kommen starr bzw. elastisch aushärtende Füllstoffe auf Zementbasis (Zementleim, Zementsuspension) oder auf Kunstharzbasis (Epoxidharz, Polyurethanharz) sowie quellfähige Füllstoffe (Acrylatgel) zur Anwendung. Die Injektionsstoffe können im Hochdruck- oder Niederdruckverfahren erfolgen in den Baustoff des Bauteils eingebracht werden.

Grenzen der Anwendung von Injektionsverfahren liegen in den
- vorhandene Rissbreiten

- vorhandene Bauwerksbewegungen / Rissbreitenänderungen sowie dem
- Druck des anstehenden Wassers.

Die Produktnorm DIN EN 1504 „Produkte und Systeme für den Schutz und die Instandsetzung von Betontragwerken teilt die Rissfüllstoffe in die drei Anwendungsgebiete

- kraftschlüssiges Verbinden
- dehnfähiges Verbinden und
- quellfähiges Verbinden der Rissflanken ein [9].

Die für Deutschland im Zusammenhang mit der Instandsetzungsrichtlinie [10] rele-
vante Anwendungsnorm DIN V 18028 „Rissfüllstoffe nach DIN EN 1504-5 mit besonderen Eigenschaften" beinhaltet jedoch keine Aussagen zu den quellfähigen Stoffen .
Damit ist eine Verwendung quellfähiger Gele zwar möglich, seitens der Instandsetzungsrichtlinie aber nicht explizit vorgesehen[11, 12].

4.2.2 Materialien und Methoden

Das Füllen von Rissen und Fugen durch Injektion ist eine gebräuchliche Methode für
lokale Instandsetzungsarbeiten. Dabei werden niedrigviskose Rissfüllstoffe über Packer mit Hilfe von Injektionsgeräten unter Druck in die Risse gebracht. Man unterscheidet zwischen Niederdruck- und Hochdruckinjektionen. Zu den Niederdruckverfahren gehören solche, die mit einem Druck bis zu 10 bar ausgeführt werden. Grundsätzlich gilt, dass die besseren Ergebnisse durch längere Injektionszeiten bei niedri-
geren Drücken erzielt werden. Allerdings sind bei Abdichtungsmaßnahmen gegen
drückendes Wasser höhere Drücke zwingend erforderlich.

Bei der Injektion mit Epoxidharzen oder Polyurethanharzen werden einkomponentige
(1K) und zweikomponentige (2K) Injektionsmittel eingesetzt. Bei den 1K-Injektionen
wird der fertig angemischte Rissfüllstoff in den Vorratsbehälter des Injektionsguts ge-
füllt und verarbeitet. Die Verarbeitungsdauer ist sehr von der Temperatur abhängig.
2K-Füllstoffe werden getrennt in die Komponenten zu einem Mischer, der der Injekti-
onspistole vorgeschaltet ist, geführt und erst dort miteinander vermischt. Vorteile er-
geben sich hierbei vor allem für die Verarbeitbarkeit des Stoffes, sodass beliebige Ar-
beitsunterbrechungen möglich sind ohne die Verarbeitbarkeit zu beeinträchtigen.
Wichtig ist stets die Beachtung der Produktdatenblätter, um temperaturbedingte Ein-
schränkungen zu vermeiden.

Die Injektionsmittel auf Basis von Kunstharzen oder Zement werden rasterförmig über
Packer in den Bauteilquerschnitt eingebracht. Klebepacker werden dazu auf der Bauteiloberfläche befestigt. Diese sollte einen bestimmten Feuchtegehalt nicht über-
schreiten, um eine Haftung auch bei Druckinjektage zu gewährleisten. Bohrpacker
sind bei Injektionen mit Abdichtungszwecken die Regel, da der Einfüllstutzen unabhängig von der Oberflächenfeuchte in einem Bohrkanal befestigt wird.

Führen Risse jedoch unter Druck Wasser und können Wasserhaltungsmaßnahmen
nicht angewendet werden, stellt das Abdichten eine besondere Herausforderung dar.
Dafür können schnellschäumende Polyurethane (SPUR) als Wasser haltende Vorin-
jektion eingesetzt werden.

In Tabelle 2 werden die verschiedenen Injektionsprodukte und deren Anwendungsbereiche im Bezug auf die Bestandsaufnahme, Planung und Ausführung übersichtlich dargestellt.

Tabelle 2: Vergleich abdichtender Injektionssysteme nach wesentlichen Kriterien in den Phasen der Bestandaufnahme, der Planung und der Ausführung [13]

Phase	Kriterium	Injektionsprodukte und deren Anwendungsbereiche			
		Zementsuspension (ZS), Zementleim (ZL)	**Epoxidharz**	**Polyurethanharz**	**Acrylatgel**
		Kraftschlüssigkeit	Kraftschlüssigkeit	Dehnfähigkeit	Quellfähigkeit
Bestandsaufnahme	Baustoffe	Beton, Stahlbeton; Spannbeton	Beton, Stahlbeton; Spannbeton	Beton, Stahlbeton; Spannbeton	Beton, (Stahlbeton[1])
	Konstruktion	- Risse - Hohlräume - Fugen	- Risse - Hohlräume	- Risse - Hohlräume - Fugen	- Fugen (angrenzendes Erdreich)
	Ursache	- bekannt - nicht wiederkehrend	- bekannt - nicht wiederkehrend	- bekannt	- bekannt
	vorausgegangene Injektion	keine Injektionsharze	keine	möglich	möglich
	Rissbreitenänderung (allg.)	unzulässig	unzulässig	begrenzt zulässig	begrenzt zulässig
	Feuchtezustand	trocken, feucht, wasserführend	trocken	trocken, feucht, wasserführend, unter Druck wasserführend	feucht, wasserführend, unter Druck wasserführend
	Kleinste injizierbare Rissbreite	ZS: $\geq$ 0,25 mm ZL: $\geq$ 0,8 mm	$\geq$ 0,1 mm	$\geq$ 0,1 mm[2] $\geq$ 0,3 mm[3]	$\leq$ 0,1 mm
Planung	Rissbreitenänderung Δw während Injektion und Aushärtung	unzulässig	kurzzeitig zulässig $\Delta w \leq \min\{ 0{,}10\,w;\ 0{,}03\,mm\}$	< 0,3 mm: $\Delta w \approx 0\%$ 0,3-0,5 mm: $\Delta w \geq 5\%$ > 0,5 mm: $\Delta w \geq 10\%$	ca. 15 %[4]
	Ziel	wasserundurchlässige Abdichtung mit begrenztem Kraftfluss	wasserundurchlässige Abdichtung mit begrenztem Kraftfluss	wasserundurchlässige Abdichtung mit begrenzter Dehnbarkeit	wasserundurchlässige Abdichtung mit hoher Verformbarkeit
	Niedrigste Anwendungstemperatur	5°C	8°C	5-6°C	1°C
Ausführung	Härtezeit	Tage	Stunden	Stunden	Minuten

[1] Korrosive Wirkung gegenüber Stahlbewehrung ungewiss
[2] für lediglich abdichtende Funktion
[3] für begrenzt dehnfähige Funktion
[4] Quellgrad nach DB-Richtlinie „Vergelungsmaßnahmen"

4.2.3 Abdichten durch kraftschlüssiges Verbinden der Rissflanken

Bei einem kraftschlüssigen Verbund werden die Rissflanken zug- und druckfest miteinander verbunden und dadurch die Steifigkeitsverhältnisse des ungerissenen Zustands wieder hergestellt. Dieses Verfahren kann mit Epoxidharz und mit zementgebundenen Rissfüllstoffen durchgeführt werden. Epoxidharz hat eine geringere Viskosität als Zementsuspensionen und ist bereits für sehr geringe Rissbreiten geeignet. Im Vergleich zu hydraulischen Füllstoffen ist das Epoxidharz bei der Verarbeitung sehr wasserempfindlich. Die Anwendung kann deshalb nur bei trockenen Rissflanken, d.h. bei geringem Grundwasserstand erfolgen. Die Festigkeit des ausgehärteten Epoxidharzes liegt teils über der des angrenzenden Betons. Wegen des spröden Verhaltens können Bauwerksbewegungen nicht kompensiert werden und es bilden sich neue Risse im angrenzenden Beton. Der Einsatz von Epoxidharz ist daher nur bei nicht wiederkehrender Rissbildung sinnvoll, beispielsweise wenn die Risse aus schlecht abfließender Hydratationswärme des Betons resultieren.

Als Alternative zu dem wasserunverträglichen Epoxidharz stehen die zementgebundenen Stoffe, die gegenüber Wasser unempfindlich sind. Sie bieten aufgrund ihrer hohen Alkalität einen guten Korrosionsschutz für die Bewehrung. Sie werden bei Rissbreiten von $w > 0{,}25$ mm (Zementsuspension) bzw. $w > 0{,}8$ mm (Zementleim) eingesetzt. Gute Füllgrade lassen sich mit Hilfe von Niederdruckinjektion und Klebepackern erreichen. Eine Verbindung, die mit zementgebundenen Füllstoffen hergestellt wird, ist allerdings nicht so leistungsstark wie eine trockene Epoxidharzverbindung. Dies kann zur Folge haben, dass sich der Riss bei einer unvorhergesehen rissauslösenden Überlastung wieder öffnet. Für WU-Bauteile ist dies in der Regel nicht problematisch, da die Rissweiten erheblich geringer sein werden, als bei dem ursprünglichen Riss [4]. Sehr feine Risse können sich bei einem gewissen Feuchteangebot infolge der eintretenden Nachhydratation noch vorhandener Zementpartikel selbst schließen (Selbstheilung).

4.2.4 Abdichten durch dehnfähiges Verbinden der Rissflanken

Für dehnfähige Füllungen kommen vorrangig Polyurethanharze zur Anwendung. Polyurethan (PUR) hat gegenüber Epoxidharz und Zement verschiedene Vorteile und als Injektionsmittel das breiteste Anwendungsspektrum. Sie werden bei Rissbreiten ab $w = 0{,}1$ mm eingesetzt und über Bohrpacker injiziert. Unter Wasserkontakt erfolgt eine schnelle Reaktion der Komponenten zu einem elastischen Füllstoff, welcher dehnfähig ist und Bewegungen infolge wiederkehrender Rissursachen in begrenztem Umfang kompensieren kann. Eine Überbeanspruchung des PUR-Füllstoffs kann verhindert werden, indem die Injektion bei niedrigen Temperaturen und großen Rissbreiten ausgeführt wird. Die Unempfindlichkeit gegenüber Wasser erlaubt den Einsatz bei wasserführenden Rissen und Fugen. Wichtig ist außerdem, dass die elastischen Eigenschaften auch bei Temperaturen unter Null Grad beibehalten werden.

Eine besondere Art sind die schnellschäumenden Polyurethane (SPUR). Sie dienen als temporäre Abdichtungsmaßnahme z.B. bei hohen Wasserdrücken und fehlender Möglichkeit, über entlastende Bohrungen oder Wasserhaltung den Druck zu verringern. Durch schnelle Schaumbildung werden wasserführende Risse/Fugen verstopft. Die Dauerhaftigkeit ist jedoch begrenzt und die mittelfristigen Auswirkungen hinsichtlich Bewehrungskorrosion relativ ungewiss. Die Bohrungen sollten so gesetzt werden, dass die Injektion im wasserseitigen Teil des Bauteils erfolgt und das restliche Volumen mit herkömmlichem dauerelastischen PUR nachinjiziert werden kann.

4.2.5 Abdichten durch quellfähige Rissfüllstoffe

Als quellfähige Rissfüllstoffe werden Hydrogele eingesetzt. Dies sind Mehrkomponentensysteme mit niedriger Viskosität. Außerdem besitzen sie die Eigenschaft, Wasser physikalisch zu binden und somit ihr Volumen bei Wasserkontakt zu vervielfachen. Dadurch entsteht bei einem ständigen Wasserangebot eine abdichtende Wirkung, in Trocknungsphasen hingegen schrumpft das Volumen wieder. Bekannt sind hierfür vor allem die Acylatgele. Diese besitzen im Gegensatz zu den Polyurethanen aber keine abdichtende und passivierende Wirkung.

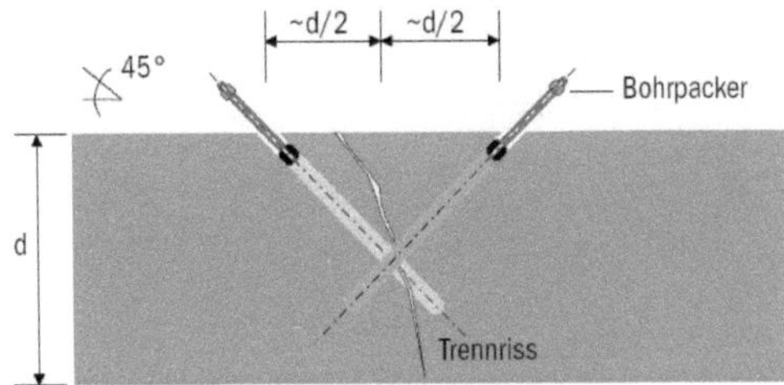

Abb. 1: Rissverpressung über Bohrpacker; Quelle: [5]

4.3 Nachträgliche Abdichtung undichter Fugen an Betonbauwerken

4.3.1 Überblick

In der Sanierungsplanung kann auf verschiedene Methoden der Fugenabdichtung zurückgegriffen werden. Die Abdichtung kann mittels einer Injektion, Vergelung, das Aufbringen eines streifenförmigen Abklebesystems, den Einbau einer Klemmkonstruktion oder durch eine Kompressionsdichtung erfolgen. Die Auswahl der Verfahren ergibt sich aus den Randbedingungen vor Ort und aus gründlicher Schadensanalyse.

Undichte Arbeitsfugen können über die Injektion eines geeigneten Füllstoffes abgedichtet werden oder, falls vorhanden, über eine Verpressung des eingebauten Injektionsschlauches [14]. Eine weitere Möglichkeit ist das Anbringen eines streifenförmigen Abdichtungssystems. Die Bewehrung ist in der Fuge durchgehend und darf durch Injektionsmittel keine korrosive Einwirkung erfahren.

Bei undichten Dehnfugen ist das Dehnteil des Fugenbandes beschädigt oder das Dichtteil umläufig. Bei einer Beschädigung des Dehnteils ist es wichtig zu wissen, ob die Verformungen schon abgeschlossen sind, oder ob noch Verformungen erwartet werden. Sind die Verformungen bereits abgeschlossen, kann eine Schleierinjektion oder eine Injektion der Fuge dies abdichten. Bei noch zu erwartenden Verformungen stehen eine Klemmkonstruktion oder ein Überkleben der Fuge mit einer streifenförmigen Abdichtung oder einem Fugenband zur Auswahl.

4.3.2 Partielle Injektion über Bohrpacker

Arbeitsfugen

Eine undichte Arbeitsfuge kann durch die Injektion eines geeigneten Füllstoffs über Bohrpacker abgedichtet werden. Die Bohrkanäle werden so angebracht, dass sie die Fuge im 45° Winkel kreuzen. Über diese Kanäle wird dann der Füllstoff verpresst. Zu beachten ist, dass bei vertikalen Fugen eine Verpressung von unten nach oben erfolgt. Ist die Injektion abgeschlossen, werden die Packer entfernt und die Öffnung mit schwindarmen Mörtel verschlossen.

Für eine solche Injektion kommen verschiedene Füllstoffe in Frage. Die WU-Richtlinie schränkt die Verwendung auf die Füllstoffe ein, die auch die Anforderungen der DAfStb-Richtlinie „Schutz und Instandsetzung von Betonbauteilen" erfüllen. Das sind genau diese, die auch bei der Sanierung von Rissen in WU- Konstruktionen eingesetzt werden, also Polyurethanharz, Epoxidharz sowie Zementleim und Zementsuspension.

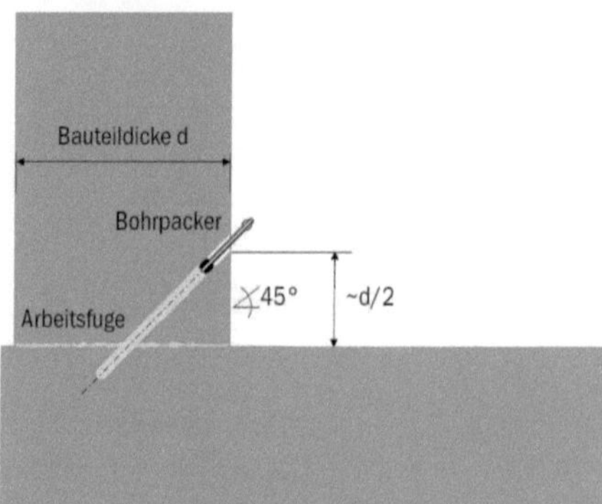

Abb. 2: Verpressung einer Arbeitsfuge zwischen Wand
und Bodenplatte über Bohrpacker; Quelle: [5]

Dehnfugen

Hohlräume oder Fehlstellen im Bereich des Dichtteils von Dehnfugen können mittels Injektion über Bohrpacker abgedichtet werden. Dazu werden die betroffenen Bereiche wechselseitig angebohrt und die Bohrpacker bis kurz vor das Dichtteil gesetzt. Dann kann über diese das Füllgut aus Zement oder aus Kunstharz eingebracht und verpresst werden.

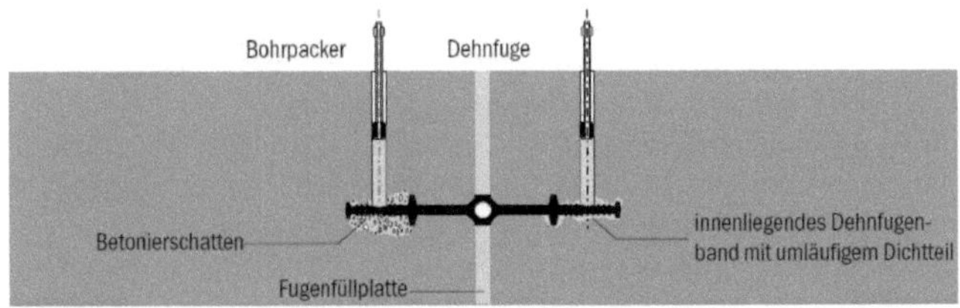

Abb. 3: Verpressung der Dehnfuge mittels Bohrpackern; Quelle: [5]

4.3.3 Verpressung von Fugen über ein Injektionsschlauchsystem

Injektionsschläuche werden in der Bauphase in Arbeitsfugen, an Sollrissfugen und an Dehnfugen im Bereich des Dichtteils eingebaut.

In Gegensatz zum Fugenband gewährleistet der Schlauch allein noch keine Abdichtung. Der Injektionsschlauch lässt sich als verlängerter Packer beschreiben, da er im Falle von Undichtigkeiten verpresst werden kann. Das Einpressmaterial tritt dabei aus dem perforierten Schlauch in die Fuge und wird als Abdichtung wirksam. Die Dauerhaftigkeit einer solchen Abdichtung setzt neben einem fachgerechten Einbau des Injektionsschlauches in der Bauphase auch die Abstimmung des Verpressgutes mit den Eigenschaften des Schlauchs und Informationen über evtl. bereits erfolgte Verpressungen voraus. Es gibt sowohl einfach verpressbare Injektionsschläuche als auch solche, die wiederverpressbar und für Nachverpressungen geeignet sind. Bei den bewehrten Arbeitsfugen müssen Informationen über die korrosive Wirkung des Verpressmaterial auf den Bewehrungsstahl bekannt sein.

Ein Vorteil der Injektionsschlauchverpressung ist das gezielte lokale Abdichten im Bauteilinneren, sowie die Zeit- und Kostenersparnis gegenüber einer rasterförmigen Anordnung einzelner Bohrpacker [15]. Nachteilig auswirken können sich ein unsachgemäßer Einbau (Verpressenden vom Beton gelöst, nicht mehr zugänglich etc.). Unzureichende Informationen über die eingebauten Systeme und fehlende Abstimmung der Produkte aufeinander kann ebenfalls gegen die beschriebene Art der Verpressung sprechen. Das betrifft Arbeitsfugen und Dehnfugen gleichermaßen.

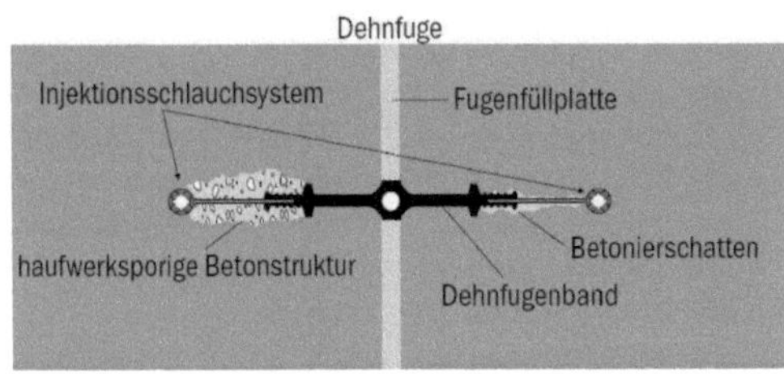

Abb. 4: Verpressung hohl liegender Stellen am Dichtteil einer
Dehnfuge über einen Injektionsschlauch; Quelle: [5]

4.3.4 Bewertung von Injektionsverfahren

Bei der Sanierung von Einzelrissen oder Fugen sind Injektionen oder die Verpressung eine sehr gute Option. Der Sanierungserfolg wird mit relativ geringen Eingriffen in die Bausubstanz erzielt. Der Arbeitsaufwand ist beschränkt. Die Wahl des Injektionsmittels/Verpressguts ist immer abhängig von den Randbedingungen des Sanierungsobjektes. Besonders wichtig ist es das Injektionsmittel/Verpressgut auf die vorhandenen Baumaterialien abzustimmen um Folgeschäden, welche aus der Unverträglichkeit von Materialien resultieren, zu vermeiden. Die Entscheidung zwischen Injektionen mit oder ohne Druck und Verpressung ist abhängig vom Material der Konstruktion und vom Sanierungsziel. Wenn allerdings großflächige Bereiche zu sanieren sind, wird dieses Verfahren aufgrund des Einsatzes einer Vielzahl von Packern sehr aufwendig. Die Wahl einer anderen Sanierungsmethode kann hier empfehlenswert sein.

4.4 Schleierinjektion (Vergelung)

4.4.1 Wasserseitige Abdichtung (Baugrundvergelung)

In vielen Sanierungsfällen ist die Erneuerung einer nicht mehr intakten Außenabdichtung problematisch oder praktisch nicht durchführbar. Das ist zum Beispiel der Fall bei durchfeuchteten Wänden und Bodenplatten, bei denen eine Freilegung der Außenhülle aufgrund von Überbauungen nicht möglich ist. Dazu kommt, dass bei schwarzen Wannen die Stelle eines Wassereintritts im Inneren in der Regel keinen Rückschluss auf den Ort des tatsächlichen Schadens an der äußeren Abdichtung gibt.

Mit der Schleierinjektion kann nachträglich wasserseitig vor dem Stahlbetonbauteil eine äußere Abdichtungsebene geschaffen werden. In einem festzulegenden Raster wird die Gebäudehülle durchbohrt. Durch die einzubauenden Injektionspacker wird in mehreren Injektionsstufen ein außenliegender Schleier aus Acrylatgel oder Zementsuspension ins Erdreich verpresst. Das Erdreich dient dem Gel dabei als Stützgerüst. Der Gelschleier umschließt die Außenhülle des Bauwerkes im injizierten Bereich in Form sich überschneidender Halbkugeln und führt damit zu einer vollflächigen druckwasserdichten Abdichtung. Um wirksam zu sein, sollte der Gelschleier eine durchgehende Dicke von 10 cm [15] haben. Nachteilig ist, dass eine Kontrolle der vollflächigen Ausbildung des Gelschleiers nicht möglich ist.

Konstruktion und Schadensbild bestimmen die Ausführung einer außenseitigen Schleierinjektion. Im Gegensatz zu „Schwarzen Wannen" findet der Wassereintritt bei WU-Konstruktionen stets in der Nähe zur undichten Stelle statt. Die Vergelung kann damit auf einzelne Fugen beschränkt werden. Nachteil bei dieser Abdichtung ist die Tatsache, dass der Gelschleier weder bei der Ausführung noch im fertigen Zustand sichtbar ist. Bei „Schwarzen Wannen" ist aufgrund der Unsicherheiten nur eine flächenmäßig größere Vergelung über ein Raster an Packern Erfolg versprechend. Das ist mit höheren Ausführungskosten verbunden. Für die Auswahl der geeigneten Füllstoffe und das Erzielen einer abdichtenden Wirkung müssen neben dem Bemessungsgrundwasserstand die Eigenschaften des anstehenden Bodens hinreichend bekannt sein. Injektionen in den Baugrund erfordern zudem eine wasserrechtliche Genehmigung, die die Unbedenklichkeit der Gelschleierinjektion auf Boden und Grundwasser verifiziert.

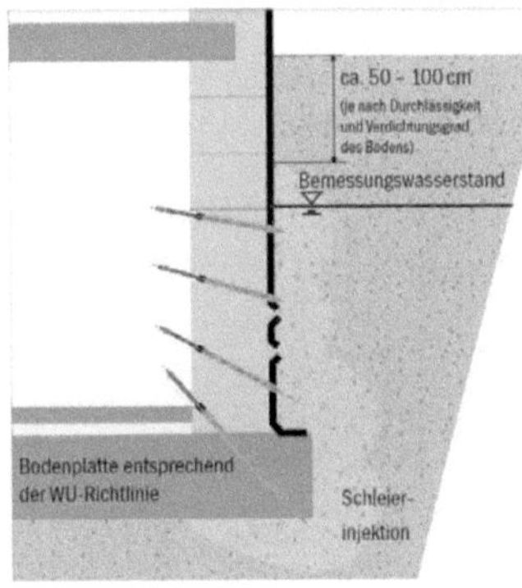

Abb. 5: Schleierinjektion an WU-Bauwerken, Prinzip; Quelle: [5]

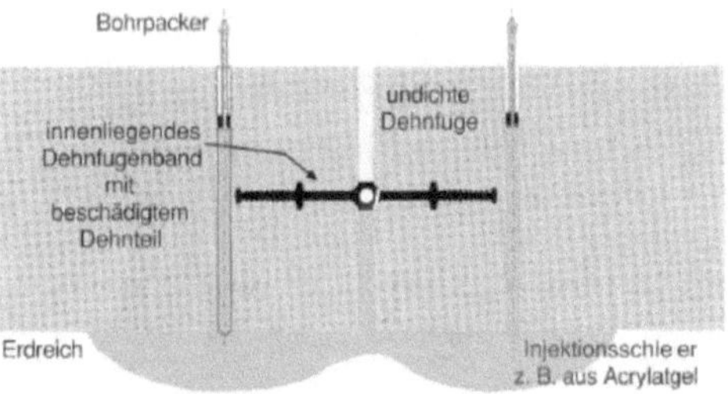

Abb. 6: Nachträgliche Abdichtung einer Dehnfuge mittels
Schleierinjektion in den Baugrund; Quelle: [5]

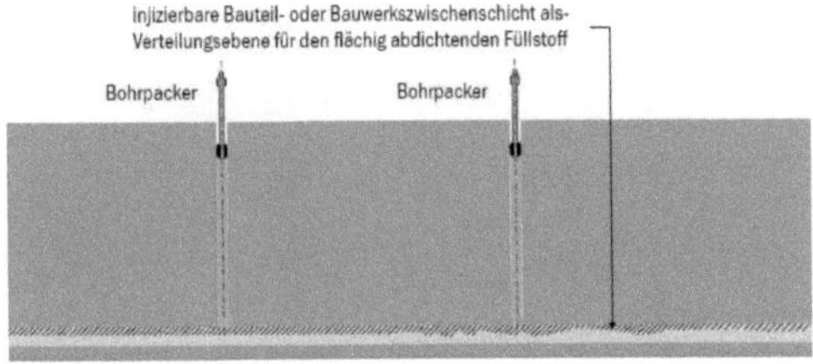

Abb. 7: Flächenmäßige wasserseitige Vergelung; Quelle: [5]

4.4.2 Wasserseitige Vergelung von Dehnfugen

Bei Dehnfugen mit beschädigtem Dehnschlauch können wasserseitig hinter dem Fugenband verpresst werden. Um die Funktionsfähigkeit der Dehnfuge zu erhalten, werden flexible Füllstoffe wie Polyurethanharz oder Acrylatgel eingesetzt. Über Bohrpacker werden sie in den hinteren Fugenbereich verpresst. Die Kontrolle des Materialflusses wird über offene benachbarte Bohrpacker durchgeführt.

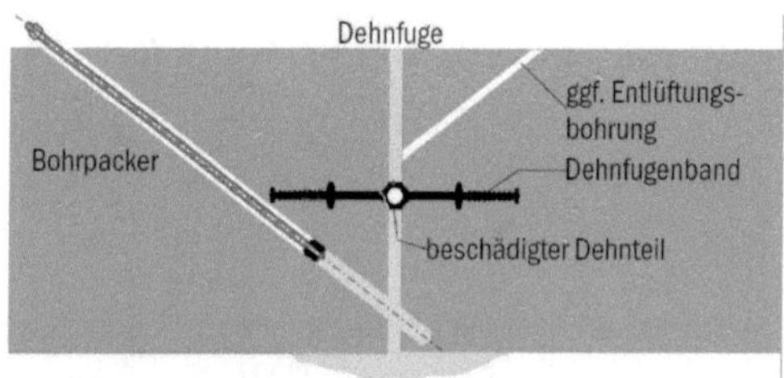

Abb. 8: Abdichten durch partielle Schleiervergelung
an der Dehnfuge; Quelle: [5]

4.4.3 Luftseitige Vergelung von Dehnfugen

Eine undichte Dehnfuge kann auch abgedichtet werden, indem die Fuge auf der raumseitigen Bauteiloberfläche verdämmt wird. Daran anschließend wird der Zwischenraum zwischen der Verdämmung und dem Fugenband über Bohrpacker mit einem feststoffreichen Acrylatgel oder Polyurethanharz verpresst. Der Wasserdruck von außen muss dabei gering und die Bewegungen des Bauwerks weitgehend abgeschlossen sein. Auf der Innenseite muss ein Verdämmung bzw. Verschalung der Fuge angeordnet werden, die dem Injektionsdruck standhält. Vorteil der luftseitigen Vergelung ist, dass die Bodenkennwerte nicht relevant und umweltrechtliche Genehmigungen hinfällig sind, wodurch der Vorbereitungsaufwand der Verdämmung aufgewogen werden kann.

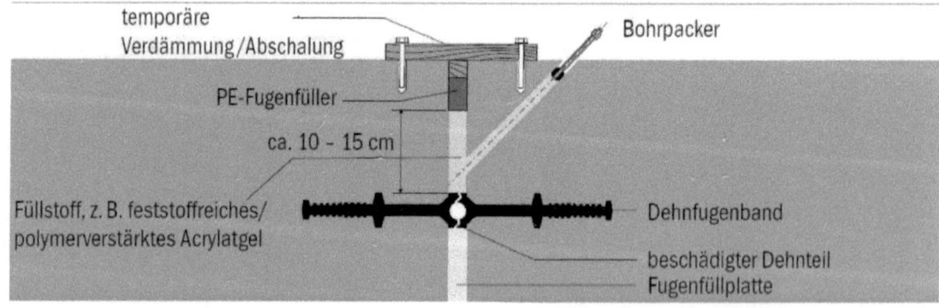

Abb. 9: Injektion des Zwischenraumes zwischen Fugenband und raumseitiger Oberfläche;
Quelle: [5]

4.4.4 Bewertung des Verfahrens Vergelung

Dieses Verfahren ist für die wasserseitige Abdichtung von Fugen und Wänden geeignet. Da für die dauerhafte Wirksamkeit der Vergelung ständig ein gewisser Feuchtegehalt vorliegen muss, kann dieses Verfahren nicht an allen Objekten eingesetzt werden. Erfahrungen für die längerfristige Wirksamkeit liegen noch nicht vor. Dennoch ist dieses Verfahren an von außen unzugänglichen Stellen eine gute Alternative zu herkömmlichen flächigen Abdichtungen. Vor allem zur Herstellung einer Abdichtungsebene unterhalb von Bodenplatten kommt dieses Verfahren neben Injektionen bevorzugt zur Anwendung.

4.5 Abklebesysteme, Klemmkonstruktionen und Kompressionsdichtungen

4.5.1 Fugenabdichtung mit Abklebesystemen

Dehnfugen

Eine weitere Möglichkeit der Abdichtung ist das Überbrücken der Dehnfuge mit einem Fugenband oder einer streifenförmigen Abdichtungsbahn. Sie eignen sich für untergeordnete Beanspruchungen wie kleine Fugenbewegungen und geringe Wasserdrücken und besitzen eine geringere Aufbauhöhe als Klemmkonstruktionen. Die Abdichtungsbahn und der Kleber müssen aufeinander abgestimmt sein, außerdem darf die Verformungsfähigkeit des Abdichtungsstreifens im Fugenbereich nicht eingeschränkt werden.

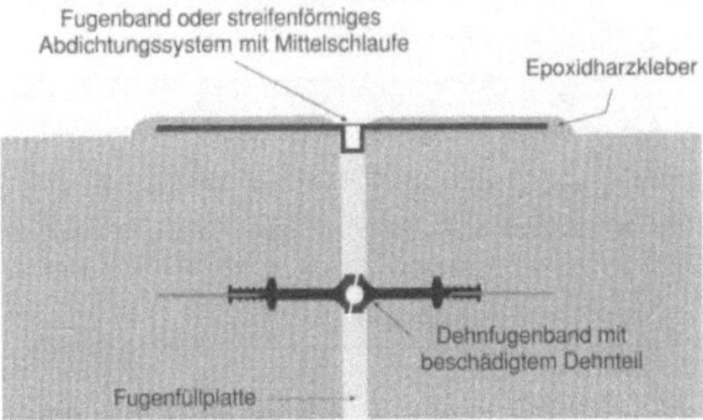

Abb. 10: Nachträgliche Abdichtung einer undichten Dichtfuge
mit einem Abklebesystem; Quelle: [5]

Arbeitsfugen

Undichte Arbeitsfugen können in Sonderfällen mit einem Abklebesystem abgedichtet werden. Dabei handelt es sich um streifenförmige Abdichtungen, die mit einem geeigneten Kleber druck- und wasserfest auf den erhärteten Beton geklebt werden. Die Streifen bestehen aus thermoplastischem Elastomeren oder gewebekaschiertem Elastomeren. Solche Systeme werden in der Regel wasserseitig angeordnet.

4.5.2 Fugenabdichtung mit Klemmkonstruktionen

Klemmkonstruktionen sind immer objektspezifische Maßanfertigungen, die exakt auf die Randbedingungen des Objekts abgestimmt sein müssen. Klemmkonstruktionen sind sinnvoll einsetzbar bei größeren Wasserdrücken und wenn mit relativ großen Fugenbewegungen gerechnet werden muss. Die Abdichtwirkung wird durch das Anpressen eines speziellen Klemmfugenbandes aus Elastomeren oder Thermoplasten mit Klemmflanschen an die Betonoberfläche erzielt. Für die Wirksamkeit der Abdichtung lässt sich das Klemmband in Werkstoff und Geometrie exakt auf die Beanspruchungen vor Ort abstimmen. Dabei muss der Untergrund der Konstruktion wasserundurchlässig sowie frei von Rissen und Fehlstellen sein. Die Betonoberfläche muss eben, sauber und tragfähig sein.

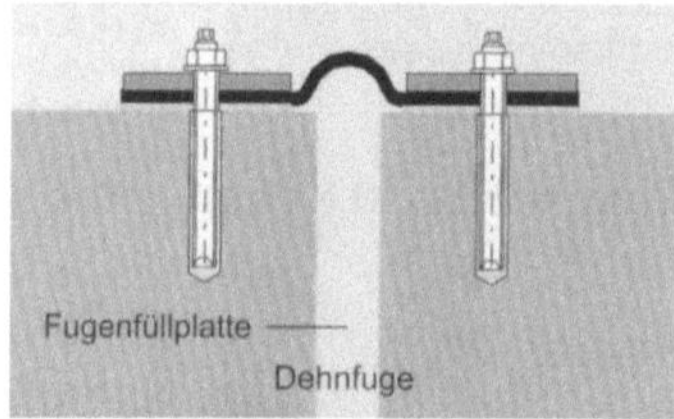
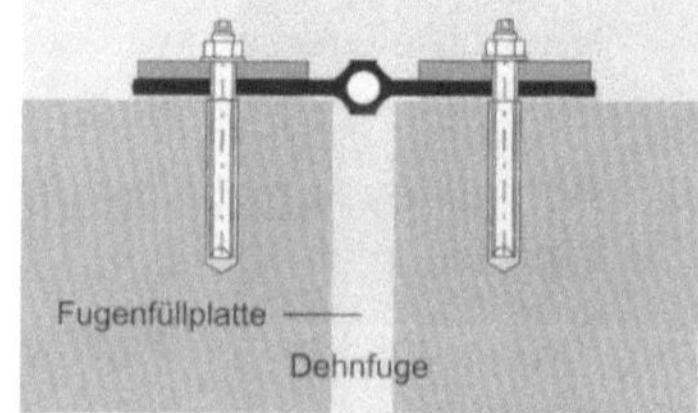

Abb. 11: Nachträgliche Abdichtung einer undichten Dehnfuge mit Klemmkonstruktionen; Quelle: [5]

4.5.3 Fugenabdichtung mit Kompressionsdichtungen

Eine weitere Möglichkeit zur Abdichtung gegen höhere Wasserdrücke stellen Kompressionsdichtungen dar. Sie wurden speziell für Druckwasser entwickelt. Kompressionsdichtungen werden meist als rechteckige Profile aus Elastomeren angeboten. Sie wirken nach dem Anpress-Prinzip. Dabei entsteht die Abdichtungswirkung durch Anpressdruck beidseitig der Fuge gegen das Bauteil. Zur Anwendung kommt dieses Verfahren bei Arbeitsfugen zwischen Sohlplatte und Wand oder zwischen Wand und Wand. Bei Bewegungsfugen ist diese Sanierungslösung nicht geeignet, da aufgrund der Bewegung der Fuge die vollständige Kompressionswirkung nicht gewährleistet werden kann [6].

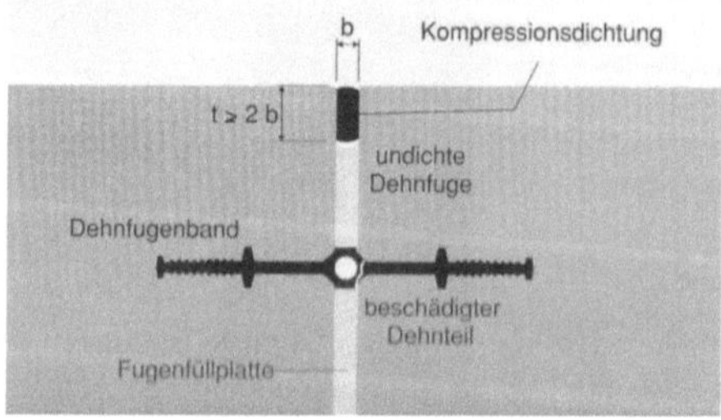

Abb. 12: Nachträgliche Abdichtung einer undichten Dichtfuge mit einer Kompressionsdichtung; Quelle: [5]

4.5.4 Bewertung der Sanierung mit Abklebesystemen, Klemmkonstruktionen und Kompressionsdichtungen

Diese Systeme bilden eine gute Alternative zu den in den Abschnitten 4.2 bis 4.4 genannten Verfahren bei größeren Öffnungsweiten von Rissen und Fugen. Gegenüber den anderen Verfahren ist jedoch von Vorteil, dass keine Verträglichkeitsabstimmungen zwischen der Bestandskonstruktion und den neuen Bauteilen notwendig sind. Ihr Einsatz ist jedoch auf Bereiche beschränkt in denen die Bewegungen abgeschlossen sind. Die Abdichtungswirkung kann sonst nicht erreicht werden.

5 Sanierungstechniken flächiger außenseitiger Abdichtungen

Im dem Fall, dass die Außenwände von allen Seite erreichbar sind und keine statischen Einwände bestehen, kann man eine Abdichtung direkt auf der Außenseite anordnen. Anwendbar ist diese Sanierungstechnik bei allen Konstruktionsarten. Verwendet werden zementgebundene Dichtschlämmen, bituminöse Dickbettbeschichtungen (KMB), Bitumenbahnen sowie kunststoffbasierte Dickbettbeschichtungen [16]. Da es aus statischen Gründen nicht möglich ist die Unterseite der Bodenplatte nachträglich abzudichten, muss die horizontale Abdichtungsebene oberseitig angeordnet und durch die Außenwände hindurch mit der vertikalen Abdichtung verbunden werden. Eine Überlappung der Abdichtungsebene ist zwingend notwendig um die Funktionsfähigkeit zu gewährleisten. Alternativ dazu kann die Bodenplatte auch durch eine WU-Stahlbetonplatte ersetzt werden, insofern dies die Statik und die Höhe des Grundwasserspiegels zulassen. Wichtig für Erstellung einer durchgängigen Abdichtung ist, dass die horizontale Abdichtungsebene unter allen inneren vertikalen Bauteilen fortgeführt wird.

Vorteile dieser Sanierungstechnik sind, dass die Konstruktion durch die Freilegung schon vor dem Anbringen der Abdichtungsebene austrocknen, bzw. dass Feuchtigkeit in das Gebäudeinnere diffundieren und von dort abgeführt werden kann. Nach Trockenlegung der Bauteile kann der Salzhorizont nicht weiter ansteigen und das Fortschreiten der Korrosion wird verhindert.

Um Beschädigungen der außenseitigen Vertikalabdichtung zu vermeiden muss gegebenenfalls ein Schutz, z.B. in Form einer Noppenbahn, angebracht werden.

Eine außen liegende Abdichtungsebene sollte aufgrund des Fernhaltens von Feuchtigkeit aus der Bestandskonstruktion einer innen liegenden Abdichtungsebene bevorzugt werden. Diese Sanierungslösung ist unrentabel bei einzelnen Fehlstellen oder Beschädigungen, hier ist eines der Verfahren aus Abschnitt 4 zu wählen. Um flächige Schäden des Abdichtungssystems zu sanieren, ist dieses Verfahren jedoch zu bevorzugen. Trotzdem müssen für jeden Einzelfall statische, wirtschaftliche und konstruktionsbedingte Faktoren gegeneinander abgewogen werden, um das nachhaltigste und wirtschaftlichste Ergebnis zu erzielen.

6 Sanierungstechniken flächiger innenseitiger Abdichtungen – Negativabdichtungen

6.1 Nachtägliche innenseitige Anordnung einer WU-Konstruktion

Wenn eine nachträgliche außenseitige Abdichtung einer Nicht-WU-Konstruktion aus baulichen oder technischen Gründen nicht möglich ist, besteht die Möglichkeit einer innenseitigen Stahlbetonschale aus WU-Beton. Die Instandsetzungsrichtlinie empfiehlt dabei eine Mindestbauteildicke von 25 cm für die Sohlplatte und 24 cm für die Wände. Hierbei müssen jedoch einige Faktoren beachtet werden. Zum einen erhöht sich durch diese Sanierungslösung die Gebäudemasse erheblich, zum anderen verändert sich durch diese Bauweise die lichte Höhe der Tiefgarage. Um die zusätzlichen ständigen Lasten ohne Schäden über die Fundamente ableiten zu können, muss durch einen Statiker ein neuer Nachweis geführt werden. Da eine Bauweise in die Tiefe aufgrund von Bodenverhältnissen und Grundwasser meist mit hohen Kosten verbunden ist, wird bei der Planung von Tiefgaragen häufig nur nach §5 SächsGarVO die erforderliche lichte Höhe von 2,00 m angesetzt. Durch den Einbau einer neuen Bodenplatte kann es zu Problemen mit den Einbauten der TGA unter der Decke sowie zu zu geringen Durchfahrtshöhen kommen.

Zu berücksichtigen sind weiterhin die Anschlüsse von Wänden und Stützen, welche in das Abdichtungskonzept zu integrieren sind. Eine Ummantelung dieser Bauteile mit einer WU-Konstruktion ist möglich, jedoch mit einer Verringerung der Stellplatzanzahl verbunden. Deshalb ist in diesen Bereichen ein anderes Abdichtungsverfahren sinnvoll[5]. Bei Tiefgaragen mit mehreren Ebenen besteht dieses Problem zusätzlich im Bereich der Etagendecken. Hier muss unter Umständen in die tragende Konstruktion des Bauwerkes eingegriffen werden, was wiederum das Hinzuziehen eines Statikers notwendig macht und mit weiteren Kosten verbunden ist.

Mit einer nachträglichen innen aufgesetzten WU-Konstruktion wird zwar die Feuchtigkeit vom Inneren der Tiefgarage fern gehalten, die Ursachen werden jedoch nicht behoben. Die ursprüngliche Konstruktion ist weiterhin der Feuchtigkeit ausgesetzt und die Korrosion der Bewehrung kann fortschreiten bzw. beginnen. Bewehrungskorrosion kann zu einem statischen Problem der Altkonstruktion führen. Zudem kann es aufgrund der stark verringerten Feuchtigkeitsabgabe in Form von Verdunstung nach innen zu einer Verlagerung des Salzhorizontes in höher liegende Bauwerksteile kommen und in diesen massive Schäden hervorrufen.

Diese Sanierung ist nur dann sinnvoll durchführbar, wenn zum einen die weitere problemlose Nutzbarkeit der Tiefgarage gewährleistet ist und zum anderen Folgeschäden der Bestandskonstruktion durch Wassersperren oder andere weiterführende Maßnahmen ausgeschlossen sind. In vielen Fällen wird eine solche Sanierung aufgrund der hohen Kosten und der unter Umständen eingeschränkten Nutzbarkeit der Tiefgarage nicht wirtschaftlich durchführbar sein. Andere Sanierungsoptionen sind gründlich zu prüfen und gegebenenfalls zu bevorzugen[6].

---

[5] Vgl. Abschnitt: 4
[6] Vgl. Abschnitt: 4

6.2 Nachtägliche innenseitige Anordnung einer Edelstahlwanne

Eine weitere Sanierungsmöglichkeit besteht darin, innenseitig eine Edelstahlwanne zu installieren. Die Vorteile dieser Konstruktion gegenüber der nachträglich angeordneten WU-Konstruktion beruhen auf den geringeren Wand- und Bodenplattenstärken und damit nur einer unwesentlichen Verringerung des Raumvolumens und Platzangebotes. Weiterhin von Vorteil ist, dass Edelstahl komplett wasserundurchlässig und gegen die meisten chemischen Stoffe resistent ist.

Für die Realisierung dieser Methode stehen den genannten Vorteilen zum einen die sehr hohen Materialkosten und zum anderen die unter Punkt eins bereits beschriebenen Probleme der weiterhin nassen Altkonstruktion und der Decken-, Wand- und Stützendurchstöße gegenüber. Da die Edelstahlkonstruktion ein komplette Wasser- und Dampfdichtigkeit besitzt, verstärkt sich das Problem des verlagerten Salzhorizonts. Weiterhin muss in Bereichen mit Fahrzeug- und Personenverkehr eine rutschfeste Beschichtung aufgebracht werden. Eine erfolgreiche Sanierung mit diesem Verfahren ist nicht auszuschließen, jedoch durch die Vielzahl an Problempunkten nur mit sehr hohem Planungs-, Kosten- und Arbeitsaufwand zu realisieren. Wenn möglich, ist eine andere Sanierungsmethode zu bevorzugen[3].

6.3 Nachtägliche innenseitige Anordnung einer Kunststoffabdichtung

Kunststoffabdichtungen sind eine gute Alternative eine Konstruktion gegen Feuchtigkeit abzudichten. Von Vorteil sind hierbei die geringen Materialstärken der Kunststoffabdichtungen und die Beständigkeit gegenüber den meisten chemischen Stoffen. Außerdem ist die Verarbeitung der Kunststoffe mit relativ geringem Arbeits- und Materialaufwand durchführbar.

Jedoch ist auch diese Sanierungslösung mit Nachteilen behaftet. Kunststoffabdichtungen können nicht bei drückendem Wasser eingesetzt werden. Der ausgewählte Kunststoff muss für den Einsatz bei Feuchtebelastung geeignet sein, um den Verbund mit der Bestandskonstruktion zu gewährleisten. Dies ist wichtig um ein Ablösen der Abdichtungsebene zu verhindern. Desweiteren müssen Vorkehrungen gegen einen Verschleiß im Bereich der Fahrspuren getroffen werden. Es ist empfehlenswert, im Bereich der Fahrspuren und Stellplätze eine zusätzliche Verschleißschicht auf die Abdichtungsebene aufzubringen. Die bereits im Zusammenhang mit der nachträglichen Anordnung von WU-Konstruktionen oder Edelstahlwannen beschriebenen negativen Auswirkungen im Bezug auf die Altkonstruktion treffen auch hier zu. Problematisch ist hierbei, dass die Abdichtungsebene direkt mit der Bestandskonstruktion verbunden ist. Somit besteht die Gefahr, dass es bei Schäden der Konstruktion durch Bewehrungskorrosion (Abplatzungen) auch zu einer Zerstörung und damit dem Versagen der Abdichtungsebene kommt. Um diese Schädigungen auszuschließen, sind zusätzliche Maßnahmen nötig, um die Bestandskonstruktion vor weiterer Feuchtebelastung zu schützen.

Ein weiterer Punkt, um die Wirksamkeit der Kunststoffabdichtung zu gewährleisten, ist die Einhaltung der von Hersteller vorgegebenen Schichtdicken. Eine stichprobenartige Kontrolle ist sinnvoll.

Bewertend lässt sich sagen, dass sich das Sanierungskonzept einer Kunststoffabdichtung im Vergleich zu den beiden zuvor genannten einfacher und wirtschaftlicher realisieren lässt. Die Dauerhaftigkeit dieser Sanierung ist jedoch ohne zusätzliche Maßnahmen[7] unter Umständen nicht gewährleistet.

7 Sanierungstechniken für weitere Schäden

Im Folgenden werden für mehrere Schadensfälle Sanierungslösungen aufgezeigt. Es handelt sich um die Schadensfälle:
- fehlende oder unzureichende Abdichtung und
- Bauteilreduktion infolge Karbonatisierung

7.1 Fehlende oder unzureichende Abdichtung

Wird bei erdüberdeckten Tiefgaragendecken festgestellt, dass der Feuchteeintrag aus einer unzureichend dimensionierten oder fehlenden Flächenabdichtung an der Deckenoberseite resultiert, sollte diese unbedingt erneuert werden. Gleiches gilt auch, wenn nicht sichergestellt werden kann, dass die Abdichtung andere Sanierungsmaßnahmen unbeschadet übersteht. Oftmals ist ein kompletter Neuaufbau unumgänglich. Um etwaige Übergänge oder Randbereiche dauerhaft an die vertikalen Bauteile anzuschließen, empfiehlt es sich, die Oberflächenbeschichtungen angrenzender Zufahrtsrampen o.ä. zu entfernen. Gleiches gilt auch für fehlende oder unzureichend dimensionierte Entwässerungskonzepte dieser erdüberdeckten Bereiche.

7.2 Bauteilreduktion infolge Karbonatisierung

Schadhafte tragende Bauteile im Gebäudeinneren können nach der ZTV-ING Teil 3 [17] instand gesetzt werden. Dazu wird loser und schadhafter Beton entfernt, loser Rost abgetragen und die Bewehrung allseitig bis Norm-Reinheitsgrad entrostet. Anschließend wird die Bewehrung mit einem Korrosionsschutz versehen und der Betonuntergrund gesäubert. Danach wird eine Haftbrücke aufgebracht und das Bauteil reprofiliert. Nach der Nachbehandlung sollten solche Stellen mit einem Oberflächenschutzsystem versehen werden. Falls es sich um nicht mehr tragfähige Stahlbetonbauteile handelt, werden diese mit Zulagenbewehrung und Spritzbetonschichten ergänzt [18].

Bauteile, die sich im Sockelbereich befinden, sind in Tiefgaragen oftmals einer hohen Belastung durch eingetragene Salze und Feuchtigkeit ausgesetzt. Dies ist bei einer Sanierung zu beachten. Um diese Bauteile nach Beendigung aller Instandsetzungsmaßnahmen vor erneuten Schädigungen durch Spritzwasser und Chlorideintrag zu schützen, können rissüberbrückende Oberflächenschutzsysteme aufgetragen werden. Diese sind in der DAfStb-Richtlinie bzw. in der ZTV-ING erläutert.

---

[7] Vgl. Abschnitt: 4

8 Fazit

Aus der Bauzeit der 1990er Jahre sind viele verschiedene Konstruktionen von Tiefgaragen geplant und ausgeführt worden, dabei ist es jedoch schwierig, für aktuelle Sanierungen vollständige Planungsunterlagen zu bekommen. Ein weiteres Problem sind Umplanungen und Umbauten, welche oftmals bereits in der Bau- bzw. der späteren Nutzungsphase durchgeführt worden und für welche meist keine statischen Berechnung oder detaillierte Planungsunterlagen angefertigt wurden.

Im Rahmen dieser Arbeit wurden diverse Lösungsvorschläge für die Sanierung beschrieben und die jeweiligen Anwendungsgebiete hinreichend benannt. Dabei ist jedoch anzumerken, dass es von enormer Wichtigkeit ist, alle Schäden genau zu analysieren und deren Ursachen zu ergründen. Dies muss unabhängig von wirtschaftlichen und ökonomischen Interessen geschehen, um im Nachhinein unbefangen die verschiedenen Sanierungslösungen gegeneinander abzuwägen. Erst wenn dieser Prozess beendet ist, müssen in die Entscheidungsfindung für die Sanierung auch wirtschaftliche und ökonomische Aspekte in Betracht gezogen werden, um für das Objekt eine nachhaltige Sanierung gewährleisten zu können.

Zusammenfassend lässt sich sagen, dass am Anfang einer jeden erfolgreichen Sanierungsmaßnahme eine genaue Analyse der Schäden steht. Weiterhin sollten Proben entnommen und untersucht werden, um einen Überblick über den aktuellen Zustand des Bauwerkes und die Schadensmechanismen zu bekommen. Um die praktische Umsetzbarkeit gewährleisten zu können, müssen oftmals individuelle Sonderlösung getroffen werden, für welche keine Standardbauverfahren existieren. Randbedingungen wie Konstruktion und Beanspruchung des Bauwerks, Fugenarten und die Schadensbilder beeinflussen die Auswahl des Sanierungskonzeptes. Kleinere und lokal begrenzte Schäden können mittels Injektionen, Vergelung, Klemmkonstruktionen, Kompressionsdichtungen oder Abklebesystemen saniert werden. Für großflächige Schadensbilder bzw. Schadensursachen werden außen- und innenseitige Abdichtungen angeboten. Die Auswahl des geeigneten Verfahrens im Einzelfall ist wichtig, um am Ende eine wirtschaftliche und erfolgreiche Sanierung gewährleisten zu können.

Tabellenverzeichnis

Quellenverzeichnis

[1] DAfStb-Richtlinie wasserundurchlässige Bauwerke aus Beton : (WU-Richtlinie) / Hrsg.: Deutscher Ausschuss für Stahlbeton, Berlin, 2004

[2] Hornig, U.: Abdichtungen im Bauwesen : Normung, Zulassung, Forschung und Anwendung / 3. Leipziger Abdichtungsseminar, 22. Januar 2008, S. 81ff., MFPA, Leipzig, 2008

[3] Lohmeyer, G., Ebeling, C.: Weiße Wannen - einfach und sicher : Konstruktion und Ausführung wasserundurchlässiger Bauwerke aus Beton. 9. Auflage, Verlag Bau + Technik, Düsseldorf, 2009

[4] Eßer, A.: Dichten von Rissen in wasserundurchlässigen Bauwerken aus Beton, Beton- und Stahlbetonbau 101, Heft 12, S. 965-972, Ernst & Sohn Verlag für Architektur und technische Wissenschaften GmbH & Co. KG, Berlin, 2006

[5] Hohmann, R.: Fugenabdichtung bei wasserundurchlässigen Bauwerken aus Beton. 2. Auflage, Fraunhofer-IRB-Verlag, Stuttgart, 2009

[6] Kabrede, H.-A.: Grundlegendes zur nachträglichen Innenabdichtung mittels Flächeninjektion, WTA-Journal, IRB-Fraunhofer-Verlag, Stuttgart, 2003

[7] DIN 18195 Bauwerksabdichtungen Teil 4: Abdichtungen gegen Bodenfeuchte (Kapillarwasser, Haftwasser) und nichtstauendes Sickerwasser an Bodenplatten und Wänden, Bemessung und Ausführung, Beuth-Verlag, Berlin, 2000

[8] DIN 18195 Bauwerksabdichtungen Teil 6: Abdichtungen gegen von außen drückendes Wasser und aufstauendes Sickerwasser, Bemessung und Ausführung, Beuth-Verlag, Berlin, 2000

[9] DIN EN 1504 Produkte und Systeme für den Schutz und die Instandsetzung von Betontragwerken. Definitionen, Anforderungen, Qualitätsüberwachung und Beurteilung der Konformität Teil 5: Injektion von Betonbauteilen. Beuth-Verlag, Berlin, 2005

[10] DAfStb-Richtlinie Schutz und Instandsetzung von Betonbauteilen : (Instandsetzungs-Richtlinie) / Hrsg.: Deutscher Ausschuss für Stahlbeton - DAfStb im DIN, Deutsches Institut für Normung e.V.

[11] DIN V 18028 Rissfüllstoffe nach DIN EN 1504-5 mit besonderen Eigenschaften. Beuth-Verlag, Berlin, 2006

[12] Deutsches Institut für Bautechnik: Bauregelliste A, Bauregelliste B und Liste C. Ernst & Sohn Verlag für Architektur und technische Wissenschaften GmbH & Co. KG, Berlin, 2011

[13] Cziesielski, E.: Bauphysik-Kalender 2004, Ernst & Sohn Verlag für Architektur und technische Wissenschaften GmbH & Co. KG, Berlin, 2004

[14] Graeve, H.: Abdichtung von wasserundurchlässigen Baukonstruktionen – Injektionssysteme in der Praxis, In: Beton Ausgabe 12/2005, Seite 595ff., Verlag Bau und Technik, Düsseldorf, 2005

[15] Hohmann, R.: Nachträgliches Abdichtung undichter Fugen – Wasserundurchlässige Bauwerke aus Beton, Beton- und Stahlbetonbau 101, Heft 12, S. 950-964, Ernst & Sohn Verlag für Architektur und technische Wissenschaften GmbH & Co. KG, Berlin, 2006

[16] http://www.pci-augsburg.eu/produkte.html (abgerufen am 09.11.2011)

[17] ZTV-ING: zusätzliche technische Vertragsbedingungen und Richtlinien für Ingenieurbauten Teil 3, Bundesanstalt für Straßenwesen, Dortmund, 2003

[18] Wasser- und Feuchteschäden im Stahlbetonbau: Vermeiden, Beurteilen und Instandsetzen, Tagungsband, Deutscher Beton- und Bautechnik-Verein e.V., Fraunhofer-IRB-Verlag, Stuttgart, 2003

[19] Fastabend, M., Eßer, A. u.a.: Weiße Wannen mit hochwertiger Nutzung – Chancen und Risiken im Hochbau, Beton- und Stahlbetonbau 103, Heft 5, S. 304-317, Ernst & Sohn Verlag für Architektur und technische Wissenschaften GmbH & Co. KG, Berlin, 2010

[20] Bastert, H., Dickhaut, H. D. u.a.: Überarbeitung der DAfStb-Richtlinie Instandsetzung – Statusbericht, Beton- und Stahlbetonbau 106,, Heft 7, S. 501-510, Ernst & Sohn Verlag für Architektur und technische Wissenschaften GmbH & Co. KG, Berlin, 2011

[21] Zement-Merkblatt „Arbeitsfugen", Hrsg.: Bundesverband der Deutschen Zementindustrie e.V., Köln